Bäume sind Gedichte,
die die Erde
in den Himmel schreibt.

Kahil Gibran

Mythos
Ginkgo

von
Heinrich Georg Becker

BuchVerlag
für die Frau

Dieses Büchlein
widme ich meinem Sohn
Louis Alexander,
der im Februar 2001
geboren wurde.

Seite 2: Atsuko Kato, Ginkgo. Öl, 1988

2. Auflage 2001
ISBN 3-89798-030-4
© BuchVerlag für die Frau GmbH,
Leipzig 2001

Redaktion: Silvia Dorster
Einband, Typografie, Satz:
Lore Jacobi, Jesewitz
Druck:
Salzland Druck GmbH & Co. KG, Staßfurt
Bindearbeiten:
Müller Buchbinderei GmbH Leipzig
Printed in Germany

INHALT

ZU BEGINN

Bäume ähneln uns Menschen. Sie sind individuell unterschiedlich bei allen gemeinsamen Merkmalen. Und manche Arten von Bäumen sind etwas ganz Besonderes – im Aussehen, ihren botanischen Merkmalen, ihrer Herkunft, ihrer Wirkung. Sie bieten Stoff für Legenden und Geschichten.

Dieses Büchlein widmet sich einem solchen »Sonderling« aus dem Reich der Pflanzen.

Mythos Ginkgo – so brachte es vor kurzem jemand auf den Punkt und

machte damit deutlich, welch unglaubliches, natürliches und botani-
sches Phänomen doch der Ginkgo
biloba-Baum nach wie vor ist.

Die Urform dieses Baumes war bereits vor über 300 Millionen Jahren
auf der Erde heimisch. Ausgestattet
mit perfekten Überlebensstrategien
in seinen Genen, durchströmt von
urtümlicher, sensibler Kraft, dabei
von ästhetischer Schönheit in seinen Zweigen und Blättern, beein-
druckt und fasziniert er heutzutage
weltweit uns Menschen.

Nicht erst seit der Zeit der Klassik
und dem Schaffen Goethes, sondern schon viel früher befassten

sich bedeutende Persönlichkeiten mit den Besonderheiten dieses lebenden Fossils.

Besonders in Südostasien können wir von einem Ginkgo-Kult sprechen, einer Verehrung dieses Mythos, die kaum eine Grenze kennt. In Europa entsteht diese Bewegung erst wieder. Doch auch hier nimmt der Siegeszug des Ginkgo unaufhaltsam seinen Lauf. Sei es bei der Erforschung und Nutzung in der Medizin, in Kunst und Literatur oder als Symbol und individuelles Zeichen von Hoffnung und Liebe in einer gefährdeten Welt.

Heinrich Georg Becker

Aus:

Bäume

Bäume sind für mich immer die eindringlichsten Prediger gewesen. Ich verehre sie, wenn sie in Völkern und Familien leben, in Wäldern und Hainen. Und noch mehr verehre ich sie, wenn sie einzeln stehen. Sie sind wie Einsame. Nicht wie Einsiedler, welche aus irgendeiner Schwäche sich davongestohlen haben, sondern wie große, vereinsamte Menschen, wie Beethoven und Nietz-

Ginkgo im Herbstkleid
im Park von Sanssouci/Potsdam
(Foto: Roger Rössing)

sche. In ihren Wipfeln rauscht die Welt, ihre Wurzeln ruhen im Unendlichen; allein sie verlieren sich nicht darin, sondern erstreben mit aller Kraft ihres Lebens nur das Eine: ihr eigenes, in ihnen wohnendes Gesetz zu erfüllen, ihre eigene Gestalt auszubauen, sich selbst darzustellen. Nichts ist heiliger, nichts ist vorbildlicher als ein schöner, starker Baum. Wenn ein Baum umgesägt worden ist und seine nackte Todeswunde der Sonne zeigt, dann kann man auf der lichten Scheibe seines Stumpfes und Grabmals seine ganze Geschichte lesen …

Hermann Hesse

WANDERER ZWISCHEN DEN ZEITEN

Die Ursprünge des Ginkgo reichen
in ein Zeitalter zurück, das wir uns
kaum vorstellen können.
Manche Wissenschaftler geben dem
Ginkgo eine Geschichte von 300
Millionen Jahren. Man vermutet, dass
ginkgoverwandte Pflanzen bereits
im Karbon wuchsen. Schon bevor
die Saurier lebten, sollen Vorfahren
des Ginkgo großflächig die Erde
besiedelt haben.
Sicher ist, dass es vor 150 Millionen
Jahren mehrere Arten von Ginkgo-

Gewächsen gab. Die Urform des uns heute bekannten Ginkgo lebte schon vor 60-70 Millionen Jahren, wie fossile Blattfunde aus dem Tertiär auf allen Kontinenten beweisen. Der Großteil der Ginkgoarten hatte sich jedoch schon in der Kreidezeit nach Ostasien zurückgezogen. Hier überlebte auch Ginkgo biloba die Eiszeiten.

Aus dem Mansfelder Kupferschiefer stammt der erste fossile Ginkgoblatt-Fund Anfang des 19. Jahrhunderts.

Fossile Blätter des Ginkgo aus dem Mittel-Jura (vor ca. 175 Millionen Jahren). Paläontologische Staatssammlung München

Erst einige Jahrzehnte später erkannte man die Zugehörigkeit des Blattfossils zum Ur-Ginkgo.

Denn eines der wesentlichen Merkmale des Ur-Ginkgo-Baumes waren die feingabeligen, in verblüffender Vielfältigkeit ausgebildeten »Blätter«. So gab es neben zungen- bis nadelförmigen Blättern zweifach- oder vierfach geteilte und mehr als vierfach geteilte »Blätter«. Während eines Millionen Jahre dauernden Entwicklungsprozesses entstand aus diesen

Verschiedene Arten des Ginkgo durch die Jahrmillionen

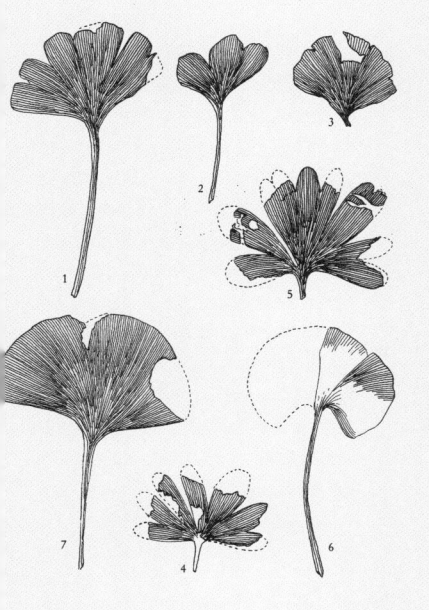

Urformen das heute weithin so bekannte und symbolhafte, zweigeteilte Ginkgoblatt.

Dieses aus den einstigen Nadeln zusammengewachsene Fächerblatt macht dem heutigen Betrachter eine längst vergangene Zeit sichtbar. Ein Phänomen in der Pflanzenwelt, das dem Ginkgo seinen besonderen Reiz verleiht.

Ein unverwechselbares Charakteristikum ist der mehr oder minder tiefe Einschnitt des Blattes, welcher dem Baum seinen Namen verlieh. Die Farbigkeit der Blätter variiert zwischen hell- und graugrün bis zu herbstlichem Goldgelb. Die Blätter

sind relativ dick, wie mit einer zarten
Wachsschicht überzogen.

Doch diese Merkmale werfen auch
die Frage auf, in welche Pflanzen-
klasse der Ginkgo einzuordnen ist.
Wegen der teilweise nadelförmigen
Blätter der Ginkgo-Vorfahren könnte
man ihn zu den Nadelgehölzen
zählen. Dafür spricht auch, dass der
Ginkgo entfernt an eine Konifere
erinnert.

Angesichts der heutigen Blattform
erscheint er eher zu den Laubbäu-
men gehörig. Diese Einordnung
würde auch den Laubwechsel –
Verfärbung und Abwerfen der Blätter
im Herbst – erklären.

Der Ginkgo biloba ist weder ein Laub- noch ein Nadelbaum, vielmehr bildet er eine eigene Pflanzenfamilie und vereint unter dem Namen »Ginkgoales« viele exotische, fossile Arten.

»Dieser Baum, der während hunderten von Millionen Jahren die Turbulenzen auf unserer Erde überdauert hat, geht ohne Zweifel aus einem sehr zähen Stamm hervor und wurde von Mutter Natur aus vielen tausenden, damals lebenden Pflanzen erwählt.«

Hui-Lin Li
(chinesischer Wissenschaftler, 1956)

EIN BAUM
UND SEINE NAMEN

Unser Ginkgo hat im Laufe der Jahrhunderte eine Vielzahl von Namen erhalten. Alle zeugen sie davon, wie der Baum stets die Phantasie seiner Betrachter anzuregen vermochte: Goethebaum, Mädchenhaarbaum, Elefantenohrbaum, Entenfußbaum, Chinesischer Tempelbaum, Fächerblattbaum oder Großvater-Enkel-Baum.

Offiziell tauchte er 1578 in der chinesischen Literatur unter der Bezeichnung »yin hsing« (sprich: jinchin) bzw. »ya chio« auf, was soviel wie »Silber-Aprikose« heißt und auf die silbrig schimmernden Samenanlagen hinweist.

Im Laufe der Zeit gelangte der Name von China nach Japan. Als »ginkyo«, »ginnan« und »icho« ging er in den japanischen Wortschatz ein. Davon ist heute »icho« (wörtlich: Entenfußbaum) in Japan die gebräuchlichste Bezeichnung als Anspielung auf die Blattform.

Dass er heute bei uns vor allem unter dem Namen »Ginkgo« bekannt

Die zwei großen Schriftzeichen stehen für japanisch »ginkyo« (Silber-Aprikose)

銀杏

俗云ぎんわん杏從唐音

一名白果 〇銀杏樹一名

鴨脚樹いちやう

ist, geht wahrscheinlich auf einen sich hartnäckig haltenden Schreibfehler zurück, der sich seinerzeit bei der botanischen Erfassung eingeschlichen hatte. Damals wurde aus dem »y« in »Ginkyo« ein »g«. Der Fehler unterlief dem deutschen Arzt und Botaniker Engelbert Kaempfer (1651-1716) bei der Transkription des japanischen Namens in das Lateinische und wurde von Carl von Linné übernommen. Linné erweiterte bei der Einordnung des Ginkgo in sein

Ginkgozweig mit gestielten Samenanlagen, daneben männliche Blütenkätzchen. Aus dem Buch: Flora Japonika, Leiden, 1835-1842

Tab. 156.

SALISBURIA adiantifolia.

Klassifikationssystem um den Zusatz »biloba«, die Zweilappigkeit der Blätter bezeichnend.

»Mädchenhaarbaum« (»Maiden hair tree«) nennt man den Ginkgo im angelsächsischen Sprachraum im Hinblick auf die dem eleganten, exotischen Frauenhaarfarn ähnelnden Blätter.

Die Franzosen kennen ihn unter dem Namen »Arbre aux quarante ecus« (Vierzig-Taler-Baum). Diese Anspielung auf seinen Preis basiert auf der Geschichte des Franzosen, der 1780 die ersten Ginkgobäume für 25 Guineen (= 40 Taler) von einem englischen Gärtner kaufte. Seltener

wird der Ginkgo in Frankreich
»Tausend-Taler-Baum« genannt –
eine bildhafte Umschreibung für die
Goldfärbung und den Fall der Blätter
im Herbst.

Viele Bezeichnungen, die bereits
in Asien für den Baum gefunden
wurden, sind heute noch anzutreffen, wie Großvater-Enkel-Baum oder
Elefantenohrbaum. Da er häufig in
der Nähe von Tempeln oder anderen Kultstätten anzutreffen ist, nennt
man ihn auch Tempelbaum.

In Deutschland hört man in Anleh-
nung an Goethes Ginkgo-Gedicht
oft Goethebaum, aber auch Weltenbaum oder Fächerblattbaum.

Ginkgo

Als die erste Ernte kam,
trugen die Bäume nur drei, vier
Nüsse.
Aus einer goldenen Schale
wurden sie dem Throne
dargebracht.
Die Würdenträger und
Minister kannten sie nicht.
Und der Sohn des Himmels
gab eine Belohnung von
hundert Silbermünzen.

Jetzt, nach einigen Jahren,
tragen die Bäume immer mehr.
Sie haben üppige Zweige
getrieben.

Der Besitzer des Baums,
um einen lieben Gast zu ehren,
beschenkte mich mit diesen Nüssen
wie mit Perlen.

chinesisches Gedicht, 11. Jahrhundert,
von Onhang Xiu

FORTPFLANZUNG UND WACHSTUM

Dass der Ginkgobaum in der Pflanzenwelt eine einzigartige Form der Vermehrung hat, versteht sich von selbst.

Der Ginkgo biloba ist ein zweihäusiger Baum, d.h. es gibt männliche und weibliche Bäume, die in jungen Jahren schwer voneinander zu unterscheiden sind.

Erst nach 20-30 Jahren, wenn der Baum groß und stark geworden ist,

Weiblicher Zweig mit Samenanlage

zeigt er die erste Blüte. Nun ist es möglich, die Geschlechter zu unterscheiden und jetzt erst ist auch die Fortpflanzung möglich.

Trotzdem könnte man annehmen, alles funktioniert ähnlich wie bei anderen Pflanzen üblich: Im Frühling öffnen sich die Blüten des weiblichen Baumes, fangen die vom Wind zugewehten männlichen Blütenpollen auf und werden befruchtet. Doch weit gefehlt. Dieser Baum lässt sich viel mehr Zeit. »Frau Ginkgo« hat zur Zeit der Blüte noch keine befruchtungsfähige Eizelle gebildet. Sie fängt erst damit an, wenn der männliche Pollen wirklich die weibliche Samenanlage erreicht hat. Ende April, Anfang Mai, wenn die Pollen fliegen, fängt »Frau Ginkgo« zwar die männlichen Pollen auf, lagert sie aber vorerst in ihrer Samenanlage ein.

Ist die Eizelle fertig, bildet sie eine so genannte Bestäubungsflüssigkeit und saugt damit die eingelagerten Pollen ein. Ab diesem Zeitpunkt beginnt die weibliche Samenanlage zu wachsen, die einzeln betrachtet im späten August etwa die Größe einer Kirsche erreicht hat.

Während dieser Wachstumszeit entstehen in der weiblichen Samenanlage alle für die Befruchtung not-

wendigen Stoffe (der so genannte
Gametophyt).

Der im Frühjahr von »Frau Ginkgo«
eingelagerte männliche Pollen bildet im Laufe der Zeit winzige Tropfen (so genannte Spermatozoiden),
die sich nach ca. 120 Tagen zur Befruchtung der Eizelle auf den Weg
machen.

Nach einiger Zeit hat sich aus der
Haut der Samenanlage eine innere harte und eine äußere dickflei-
schige gelbe Hülle entwickelt. Die
innere Hülle umgibt den Keimling –
auch als Nuss oder Kern bezeichnet.

Ein neuer Ginkgo entsteht

Fallen die Samenanlagen im Oktober/ November vom Baum ab, kann es sein, dass erst jetzt die Befruchtung stattfindet, oftmals erst, wenn der Samen in den Boden gelangt. Die abgefallenen Samenanlagen sind meist goldgelb bis bräunlich gefärbt. Man könnte sie für Mirabellen halten, wäre da nicht ein beißender, fast ranziger Geruch, der beim Verfaulen des sich ablösenden, stark fetthaltigen Samenfleisches entsteht. Übrig bleiben die Samen (Nüsse), die auch begehrtes

oben: weibliche Blüten,
unten: männliche Blüten

Objekt vieler zwei- und vierfüßiger Sammler sind. In Südostasien werden die gerösteten Nüsse als Delikatesse gereicht – geschmacklich vergleichbar mit gerösteten Pistazien.

Rezept für geröstete Ginkgo-Nüsse (Pa-Kewo)

Ginkgosamen unter fließendem Wasser von der matschigen Samenhülle befreien. Achtung: Wegen der stark hautreizenden Inhaltsstoffe der Samenaußenschicht dabei unbedingt mit Handschuhen arbeiten!

Die sauberen Samen in eine heiße Pfanne geben, deren Boden dick mit Salz bedeckt ist. Nach etwa 10 Minuten platzen die Samenschalen auf, nach weiteren 5 Minuten sind die Nüsse fertig geröstet. Ein pikantes Naschwerk!

Jürgen Dahl, Gartenautor

Verschwindet die Nuss nicht in Sammlers Tasche, entsteht vielleicht ein neuer Ginkgo. Allerdings nur, wenn die Temperatur-, Feuchtigkeits- und Bodenbedingungen günstig sind und eine Befruchtung stattgefunden hat.

Zu Beginn wächst ein junger Ginkgo sehr schnell und bildet unter guten Voraussetzungen bald eine vertikale Achse mit weniger kräftigen horizontalen Zweigen.

Innerhalb von 5 bis 6 Jahren können Ginkgos eine Höhe von 2 bis 3 Metern erreichen. Nach dieser Zeit

Reife Ginkgosamen noch in der Schale

wächst der Baum langsamer. Erst nach 50 Jahren entfaltet er seine ganze Pracht.

Obwohl der Keimungserfolg so ungewiss ist, werden neue Ginkgos hauptsächlich aus Samen gezogen. Die beste Saatzeit ist das zeitige Frühjahr. Das Saatgut (Nüsse) wird im Vorherbst gut gereinigt und in feuchtem Sand zum Vorkeimen der Winterkälte ausgesetzt.

Als einer der robustesten Bäume wächst der Ginkgo überall dort gut, wo kühles bis halbtrockenes Klima herrscht. Es darf jedoch nicht zu trocken sein. An die Qualität des Bodens stellt der Ginkgo keine hohen

Ansprüche. Er bevorzugt aber offen-
sichtlich silikathaltige Böden oder
ausreichend »frische« Silikat-Ton-
erde-Böden, die ganzjährig genügend Feuchtigkeit bieten. Der
Ginkgo braucht abgeschlossene
Sommer- und Winterperioden.
Ginkgos treiben relativ schnell Wur-
zelschößlinge aus, was besonders
die Vermehrung der männlichen
Bäume begünstigt.

GINKGOS IN UNSEREN GÄRTEN UND PARKS

Nachdem der Ginkgobaum sich in den Jahrmillionen nach Südostasien zurückgezogen hatte, war es der bereits erwähnte deutsche Botaniker und Mediziner Engelbert Kaempfer, dem letztendlich die Wiedereinführung des Baumes in europäische Gefilde zu verdanken ist.

Herbstlicher Ginkgozweig
in einer Parkanlage

Er war seinerzeit im Auftrag seines Arbeitgebers, der niederländischen Ostindien Company, sehr viel in Ostasien unterwegs.

Als er sah, daß man in Japan die gerösteten Ginkgo-Nüsse als Spezialität verzehrte, in dem Wissen, dass man damit eine gute Gesundheit und ein langes Leben fördern könne, wurde Kaempfer auf den Ginkgo aufmerksam.

Um 1730 wurden in Utrecht und Leyden (Niederlande) die ersten Versuche unternommen, den Ginkgobaum wieder in Europa heimisch zu machen. Den Erfolg zeigen noch heute im Botanischen Garten in

Utrecht ein 1730 und in Leyden ein 1754 gepflanzter Ginkgo.

Der heute vorkommende Ginkgo biloba gilt immer noch als einer der widerstandsfähigsten Vertreter seiner Art.

Er besitzt eine außergewöhnliche, natürliche Immunität gegenüber Schädlingen, der Umweltverschmutzung sowie unverträglichen Bakterien und Viren.

Nachdem man in Tokio entdeckte, dass der Baum sogar abgehärtet gegenüber Autoabgasen ist, begann sein Siegeszug in den modernen Großstädten.

In New York z.B. zählt er zu den am
häufigsten gepflanzten Arten ent-
lang den Straßen von Manhattan.
Stirbt hier ein Baum, so wird er
systematisch durch einen Ginkgo
ersetzt.

Da er sich aufgrund seiner ästheti-
schen und botanischen Vorzüge
hervorragend für die Bepflanzung
von Parks, Gärten und als Straßen-
baum eignet, gehört der Ginkgo biloba heute auch bei uns mit zu den
am meisten gepflanzten Bäumen.
Besonders bekannte Ginkgostädte
sind Weimar, Heidelberg, Frankfurt,

Mönchengladbach, München und Karlsruhe. Die ältesten deutschen Ginkgos sind mehr als 200 Jahre alt. Sie leben im Park Wilhelmshöhe bei Kassel und im Schloßpark von Schloß Dyck am Niederrhein. Auch der berühmte »Goethe-Ginkgo« in Jena, der zwischen 1792 und 1794 gepflanzt wurde, allerdings wohl nicht von Goethe, gehört zu diesen Veteranen ebenso wie ein Baum im Gutspark der ehemaligen Grafen von Veltheim in Harbke bei Helmstedt. Dresden ist ebenfalls schon

Ginkgo in Herbstfärbung
im Stadtpark Bremen
(Foto: Roger Rössing)

seit dem 19. Jahrhundert bekannt für
seine Ginkgoalleen.

Angepflanzt werden hierzulande
hauptsächlich die männlichen Bäume (durch Stecklinge), da die weiblichen wegen des strengen Geruchs
ihrer faulenden Samenhülle nicht
sehr beliebt sind.

Ob einzeln, als besonders prächtiges
Exemplar, oder in einer Baumgrup-
pe – der Ginkgo ist immer eine der
reizvollsten Attraktionen eines ge-
pflegten Gartens oder Parks, eines

öffentlichen Platzes oder als schmü-
ckender Rahmen für ein Bauwerk.
Die im Frühjahr wachsenden Ginkgoblätter haben zunächst eine zart-
grüne Farbe, die sich später zu
einem satten dunkelgrünen Ton
wandelt. Wenn es hierzulande
Herbst wird, leuchten die Blätter in
schönen Goldtönen. Fast drei
Wochen präsentiert Ginkgo sich in
dieser Farbenpracht. Es sei denn, die
Herbststürme setzen vorzeitig ein

Ende und zerstören den reizvollen
Anblick.

Doch selbst im Winter ohne sein
Blätterkleid ist der Ginkgo eine ma-
jestätische Erscheinung.

Erwähnenswert sind auch die Bon-
sai-Ginkgos, eine in Töpfen kulti-
vierte zwergenhafte Ausgabe des
Ginkgo. Erfunden wurde die Bonsai-
Technik – manche sprechen auch
von Bonsai-Kunst – in China. Über
Japan, wo man diese Züchtungen
im Lauf der letzten Jahrhunderte
perfektionierte, kam diese Kunst
auch nach Europa.

An den Ginkgo vor der Tür

Wenn ich hinaus geh
vor die Tür,
geh
und den seltenen Baum –
daß ich Eins und
doppelt bin –
den ich vor Jahren
gepflanzt habe,
betrachte,
den Ginkgo
(bei Sabine L. las ich,
er werde New York überdauern,
diese Stadt),
dann frage ich mich
oder frage ihn:

Baum,
warum wächst du nicht?
Baum,
warum hältst du
den Frühling hinaus?
Baum,
warum überläßt du
den Sommer andern?
Baum,
warum überwinterst du
leichter als ich
und nimmst mein
Gedicht vorweg.
Du bist schlau,
Baum.

Peter Härtling

HEILENDER GINKGO

Der Ginkgo gilt nicht nur aufgrund seiner botanischen Eigenarten und seiner phantastischen Herkunftsgeschichte als Wunderbaum. Auch um seine Heilkräfte ranken sich Legenden. Vorreiter auf medizinischem Gebiet war China, wo die Baumrinde, die Blätter und Früchte seit dem 11. Jahrhundert für Heilzwecke genutzt werden. Die Heilwirkung von Ginkgo beschreibt erstmals das berühmte »Handbuch der Barfuß-Medizin«, das im Jahr 2800 vor Christus entstand.

In der Traditionellen Chinesischen Medizin wurden vor allem dem Samen und dem Fruchtfleisch Wirksamkeit gegen unterschiedlichste Beschwerden zugesprochen. Das Wissen darüber basiert auf dem »Pen-t'sao kang mu« – dem klassischen Ratgeber zur Heilkunde aus dem 16. Jahrhundert. Das Buch wird noch heute in der Pflanzenheilkunde verwendet. Demzufolge helfen Ginkgosamen und »Fruchtfleisch« z.B. gegen Asthma, Husten, Reizblase oder Alkoholmißbrauch. Die rohen Samen sollen sogar Krebs bekämpfen.

In der chinesischen Volksmedizin bevorzugte man die Heilkraft der Blätter. Gekocht und zu Brei zerstampft halfen sie als Wundpflaster gegen Frostbeulen oder als Tee gegen Bluthochdruck, Ohrensausen und Angina. Teilweise wendet man diese Mittel heute noch an.

Interessant, auch für die europäische Medizin, sind neuere Erkenntnisse zur Wirksamkeit des Samens gegen Tuberkelbakterien.

Mit Bäumen kann man wie mit Brüdern reden.

Erich Kästner

In Europa erkannte man erst 200 Jahre nach der Wiedereinführung des Ginkgo als Park- und Gartenbaum seine wertvollen heilenden Eigenschaften.

Engelbert Kaempfer schrieb zwar schon 1712 über die verdauungsfördernde Wirkung der Samen, aber erst in den 50er Jahren des 20. Jahrhunderts erlangte der Ginkgo auch in der europäischen Medizin Bedeutung.

Titelseite des »Amoenitatum Exoticarum« (1712) von Engelbert Kaempfer

AMŒNITATUM
EXOTICARUM
POLITICO - PHYSICO-
MEDICARUM
FASCICULI V,
Quibus continentur
VARIÆ RELATIONES, OBSERVATIONES
& DESCRIPTIONES
RERUM PERSICARUM
&
ULTERIORIS ASIÆ,
multâ attentione, in peregrinationibus per universum Orientem, collectæ,

AB AUCTORE
ENGELBERTO KÆMPFERO, D.

LEMGOVIÆ,
Typis & impensis HENRICI WILHELMI MEYERI, Aulæ Lippiacæ Typographi, 1712.

Deutsche Wissenschaftler fanden in den 60er Jahren heraus, dass ein aus den Blättern durch spezielle Verfahren hergestellter Extrakt gegen Durchblutungsstörungen hilft. Diese Entdeckung revolutionierte die Ginkgoforschung. Heute ist jedes dritte gegen Durchblutungsstörungen verschriebene Medikament ein Ginkgo-Präparat. Ginkgo-Präparate zählen zu den pflanzlichen Arzneimitteln (Phytopharmaka). Das sind Heilmittel, die aus Pflanzen und Zubereitungen von Pflanzen bestehen,

bestimmte Mindestgehalte an Wirkstoffen und eine nachgewiesene Wirksamkeit und Unbedenklichkeit besitzen.

Ginkgoblätter beinhalten vor allem zwei hochwirksame Stoffgruppen - Flavonoide und Terpenoide. Während Flavonoide in fast jeder grünen Pflanze vorkommen, wurden die Terpenoide bisher nur im Ginkgo entdeckt. Neben diesen Wirkstoffen sind Alkohol, verschiedene Säuren (z.B. Ascorbinsäure = Vitamin C), aber auch Stoffe mit ungünstigen Eigen-

schaften enthalten. Diese Stoffe bewirken Hautreizungen oder Allergien, sie werden aber bei der Arzneimittelherstellung weitgehend entfernt.

Für die Heilkraft der Ginkgo-Präparate ist also nicht ein Wirkstoff entscheidend, sondern die Kombination aller in den Blättern enthaltenen Wirkstoffe und Substanzen.

Für seine Forschungen zu den Ginkgo-Wirkstoffen erhielt u.a. der amerikanische Wissenschaftler E. J. Corey 1990 den Nobelpreis für Chemie.

Ginkgo-Präparate behandeln vor allem altersbedingte Erkrankungen wie Durchblutungsstörungen im Ge-

hirn und in den Beinen. Sie schützen
die Nervenzellen, erhalten und verbessern die Hirnfunktion und inakti-
vieren die (schädlichen) sogenannten freien Radikalen. Bedeutungsvoll
sind Ginkgo-Extrakte auch zur Vor-
beugung von Schlaganfällen.
Studien aus jüngster Vergangenheit
beschäftigten sich mit der Wirkung
von Ginkgo-Präparaten bei Altersde-
menz (Alzheimer). Bisherige Versuche zeigten eine Verbesserung des
Lernvermögens und der Gedächt-
nisleistung und eine erhöhte Le-
benserwartung bei den Versuchstie-
ren. Diese Ergebnisse sind so
vielversprechend, dass Forscher da-

mit rechnen, die gefürchteten De-
menzkrankheiten in einigen Jahren
heilen zu können.

Es scheint unglaublich, aber im
Ginkgo stecken noch weitreichen-
dere Heilkräfte. Besonders in unserer
hektischen Zeit bieten die Ginkgo-
Präparate Hilfe bei Streß- und den
sogenannten Zivilisationskrankhei-
ten. Sie kommen zum Einsatz bei
der Therapie von Tinnitus und Hör-
sturz, bringen Hilfe bei Menstrua-
tionsbeschwerden oder Impotenz.

Ginkgozweig mit Samen und den darin
enthaltenen Kernen. Kupferstich nach einer
Zeichnung von E. Kaempfer

銀杏

Viele Menschen werden von Migräne geplagt. Längerfristige Behandlungen mit Ginkgo biloba weisen gute Erfolge auf.

Ginkgo ist allerdings keinesfalls ein Allheilmittel. Vielmehr werden diese Arzneimittel meist in Verbindung mit anderen medizinischen Maßnahmen verwendet. Obwohl es Ginkgo-Präparate rezeptfrei in der Apotheke oder im Reformhaus gibt, sollte man vor Gebrauch lieber den Rat seines Arztes einholen.

Die Medikamente sind in Dragee-
oder Tablettenform, aber auch als
Lösungen oder Tropfen erhältlich.
Nachteilig bei letzteren ist ihre
Herstellung auf Alkoholbasis. Dosie-
rungsanweisungen liegen diesen
Mitteln natürlich bei.

Ein großer Vorteil der Ginkgo-Präparate ist ihre gute Verträglichkeit, fast
ohne Nebenwirkungen. In sehr seltenen Fällen können Kopfschmer-
zen oder Magen-Darm-Beschwer-
den auftreten.

Auch bei gleichzeitiger Einnahme anderer Medikamente wurden keine Wechselwirkungen oder Unverträglichkeiten festgestellt.

Nicht nur als Heilmittel, sondern auch zur Schönheitspflege wurde Ginkgo im alten Asien seit Jahrhunderten eingesetzt. Auch die europäische Kosmetikindustrie nutzt verschiedene Varianten des Ginkgo-Extraktes in jüngerer Zeit als Bestandteil von kosmetischen und Körperpflegeprodukten. In Cremes und Lotionen soll Ginkgo der Faltenbildung entgegenwirken und die Haut straffen. Ein neuer Trend sind Ginkgowirkstoffe in Shampoos und Haarwasser, um die Haarstruktur zu verbessern und die Durchblutung der Kopfhaut zu fördern. Ob Ginkgo auch das Haarwachstum positiv beeinflussen kann, wird jedoch in Fachkreisen noch bezweifelt.

Noch längst sind nicht alle Möglichkeiten der in Ginkgo enthaltenen Wirkstoffe und Substanzen erforscht. So bleibt die Hoffnung, dass der Wunderbaum vielleicht einmal helfen kann, bisher unheilbare Krankheiten zu besiegen.

HOFFNUNGSSYMBOL GINKGO

Seine unglaubliche Vergangenheit und seine brillanten Chancen für die Zukunft lassen den Ginkgo für unsere heutige Welt zu einem großen Symbol werden: das Symbol für einen Weltenbaum, das Symbol für Stärke und Hoffnung.

Viele Kulturen verehren den Ginkgo aber auch als das Symbol für ein langes Leben, Fruchtbarkeit, Freundschaft, Anpassungsfähigkeit und Unbesiegbarkeit.

In China und Japan gibt es zahlreiche Tempelanlagen und heilige Pilgerorte, wo riesige Ginkgoveteranen wachsen. Manche erreichen gewaltige Höhen von bis zu 40 Metern und einen Umfang von 10 oder gar 16 Metern. Ein Alter von mehr als 1000 Jahren ist keine Seltenheit für diese Baumriesen, die besonders von den weiblichen Besuchern geschätzt werden. Die Bäume sind für die Besucherinnen ein Symbol für Liebe und Fruchtbarkeit, denn sie erinnern mit den auf natürliche Weise gebildeten, eigenwillig geformten, so genannten Chi-Chi-Wucherungen, (Chi - Chi = Zitze) an die Fortpflanzung.

Die asiatischen Frauen beten an den Bäumen um die Erfüllung elementarer Wünsche wie z.B. die Bitte um Nachwuchs und genügend Muttermilch zum Stillen ihrer Babys.

Diese luftwurzelähnlichen Gebilde bringen Ginkgobäume erst im fortgeschrittenen Alter von 180-200 Jahren hervor. Die nach Art von dünnen Aststrängen von den stärkeren Seitenästen herabhängenden Chi-Chi wachsen bis zum Erdboden und treiben neu aus.

Aber nicht nur die Bäume als Ganzes, auch die Samen und Blätter

Chi-Chi-Auswüchse des Ginkgobaumes

erfreuten sich einer enormen Wert-
schätzung. Ginkgoblätter verwende-
te man sogar zeitweise als Zahlungs-
mittel in China, oder man legte sie
einfach zwischen zwei Buchseiten,
um Schädlinge fernzuhalten. Die
Form des Blattes verstärkt durch
die Zweihäusigkeit des Baumes ließ
ihn zum Symbol für Freundschaft
und Liebe werden. Ein Gedanke,
den – wie man im folgenden lesen
kann – auch Goethe aufgriffen hat:
zwei Bäume, getrennt und doch
zusammengehörend .
Während die Blätter vorwiegend im
medizinischen Bereich verwendet
wurden, galten die geschälten und

gerösteten Samen als ausgesuchte Spezialität. Die sogenannten »Pa-Ke-wo« waren feierlichen Anlässen vorbehalten. Dem Kaiser wurden sie als Tribut dargebracht.

Kaempfer berichtet von seinen Reisen: »Bei Hochzeiten und anderen Familienfesten wurden die Ginkgo-Nüsse mit roter Farbe eingefärbt und dienten den Gästen als gern genossenes Lebenselixier.«

Roh erinnern die stärke- und eiweißhaltigen Samen im Geschmack eher an Kartoffeln.

Japanische Ginkgo-Gedichte

Fallen die Ginkgofrüchte,
so bereiten sich die Götter
für die Reise.

Torin, 1639–1719

Wie kleine goldene Vögelchen
fallen die Ginkgoblätter
in der abendlichen Sonne.

Akiko Yosano, 1878–1942

Auf den Fächer der alten Opfer-gabe fällt ein Ginkgoblatt.

Enomoto Kikaku, 1661-1707

Eines der düstersten Kapitel in der Geschichte der Menschheit schrieben die USA im August 1945 mit dem Abwurf der Atombomben auf Hiroshima und Nagasaki, in deren Folge über 300 000 Menschen starben.

Schäden von unvorstellbarem Ausmaß trafen die beiden Städte und den natürlichen Lebensraum – Pflanzen- und Tierwelt wurden fast vollständig vernichtet. Es war fraglich, ob auf diesem verbrannten, verseuchten Boden jemals wieder etwas wachsen würde. Deshalb kam es einem Wunder gleich, als in Hiroshima ein Ginkgobaum nicht weit vom Explosionsherd entfernt im darauffolgenden Frühjahr neu austrieb. Dieser stark »verwundete« Baum überstand nicht nur die Katastrophe, sondern soll auch den einzigen unversehrt gebliebenen Tempel des Stadtteils beschützt haben.

Mit großer Aufmerksamkeit wurde der neue Ginkgosproß umsorgt. Heute gilt der mittlerweile große prächtige Baum als Mahnmal und Symbol für Frieden, Vernunft und Hoffnung auf eine gewaltlose bessere Zukunft.

Der Ginkgo wird im asiatischen Kulturkreis auch als Sinnbild des Yin und Yang verehrt.

In der asiatischen Philosophie ist das Symbol Yin und Yang ein Gleichnis für die Unendlichkeit und verdeutlicht sehr vereinfacht das männliche (Yang) und das weibliche Prinzip (Yin). Trotz aller Gegensätze bilden sie zusammen ein Ganzes.

Dieses Symbol lässt uns aber auch die Bewegung und Wandlungsfähigkeit erkennen, wenn wir nicht nur die eine oder andere Seite betrachten.

Es stellt die individuelle und harmonische Dynamik im Zusammenspiel von zwei Gegenpolen dar. Nicht nur schwarz und weiß. All dies findet man im Ginkgo wieder, der mit seinen charakteristischen Eigenschaften auf verblüffende Weise das Symbol veranschaulicht. »Zählt man die botanische Besonderheit des Gink-

Atsuko Kato: Zyklus der Elemente.
In der Erde. Öl, 1989

go, sein unglaubliches Alter, seine Vitalität sowie seine Bedeutung in Kunst und Medizin zusammen, so scheint der Schluß nicht abwegig: Der Ginkgo ist ein Unikum unseres Planeten, ein ‚lebendes Fossil'; und es wird verständlich, daß einige Leute sogar eine ‚Ginkgo-Manie' diagnostizieren, eine Sammelleidenschaft für Ginkgo-Gegenstände, die den erfaßt, der sich länger mit dem Phänomen Ginkgo biloba beschäftigt.«

Prof. Dr. Walter Jung,
Institut für Paläontologie und Historische
Geologie, München

GOETHE
UND DER GINKGO

Die schöne, bei uns noch heute verbreitete Sitte, Menschen, die man mag, mit einem Ginkgo-Geschenk zu erfreuen, hat kein Geringerer als Goethe ins Leben gerufen.

Auslöser dafür war Goethes 1815 entstandenes Gedicht »Ginkgo biloba«. Er übersandte es, mit zwei Ginkgoblättern geschmückt, als Zeichen seiner tiefen Liebe und Verehrung an Marianne von Willemer.

Die verheiratete, sehr gebildete Bankiersfrau stand mit Goethe wäh-

rend seiner Arbeit an den Divan-Ge-
dichten in regem Gedankenaus-
tausch und wurde so zur Muse dieses Werkes. Sie selbst verfasste im
gleichen orientalischen Stil drei Gedichte, die nicht nur von ihrer Zuneigung zu dem Dichter zeugen,
sondern ihm in ihrer Qualität eben-
bürtig sind. Goethe fügte sie in den
Zyklus ein, ohne die eigentliche
Autorschaft zu nennen.
Insbesondere dadurch ist das »Buch
Suleika« zentraler Teil des Gedichtzy-
klus, lyrisches Zeugnis geheimnis-
voller Zwiesprache der beiden.

Reinschrift des Goethe-Gedichtes von 1815.
Goethe-Museum Düsseldorf

Ginkgo biloba.

Dieses Baums Blatt, der von Osten
Meinem Garten anvertraut,
Giebt geheimen Sinn zu kosten,
Wie's den Wissenden erbaut.

Ist es Ein lebendig Wesen,
Das sich in sich selbst getrennt,
Sind es zwey, die sich erlesen,
Daß man sie als Eines kennt.

Solche Frage zu erwidern,
Fand ich wohl den rechten Sinn,
Fühlst du nicht an meinen Liedern,
Daß ich Eins und doppelt bin?

d. 15. S. 1815

Gingo biloba

*Dieses Baum's Blatt, der von Osten
Meinem Garten anvertraut,
Giebt geheimen Sinn zu kosten
Wie's den Wissenden erbaut.
Ist es Ein lebendig Wesen?
Das sich in sich selbst getrennt,
Sind es zwey? die sich erlesen,
Daß man sie als eines kennt.*

*Solche Frage zu erwiedern,
Fand ich wohl den rechten Sinn,
Fühlst du nicht an meinen Liedern
Daß ich Eins und doppelt bin?*

Text des Gedicht-Erstdruckes in:
West-östlicher Divan, 1819

Da bereits geraume Zeit seit seinem letzten Lebenszeichen vergangen war, löste Goethes poetische Botschaft große Freude bei Marianne von Willemer aus. Umso mehr, da die bildhafte Deutung des Ginkgoblattes in diesem Gedicht sehr gefühlvoll die Zuneigung und geistig-seelische Verbindung der 31jährigen Marianne mit dem 66jährigen Goethe umschrieb.

Das Ginkgoblatt wurde für Goethe und Marianne von Willemer zu einem vieldeutigen Symbol ihrer heimlichen Liebe, die sich nie erfüllen sollte. Goethe zog sich nach dem für ihn sicheren Prinzip Distanz

Marianne von Willemer, (1784-1860).
Porträt von Anton Radl, 1819

Johann Wolfgang von Goethe (1749-1832).
Porträt von Ferdinand Jagemann, 1817

zurück, aber Marianne von Willemer
hielt einen lockeren Briefkontakt
aufrecht. Im August 1824 wieder in
Heidelberg weilend schrieb sie in
ungebrochener Zuneigung einen
Brief an Goethe, dem sie ein selbst
verfasstes Gedicht beilegte:

An der Terrasse hohem
Berggeländer
War eine Zeit sein Kommen und
sein Gehn,
Die Zeichen, treuer Neigung
Unterpfänder,
Sie sucht ich, und ich kann sie
nicht erspähn.
Dort jenes Baumsblatt,
das aus fernem Osten
Dem westöstlichen Garten
anvertraut,
Gibt mir geheimnisvollen Sinn
zu kosten
Woran sich fromm
die Liebende erbaut.

(Auszug)

Goethe wurde im Rahmen seiner naturwissenschaftlichen Studien auf den Ginkgo biloba, dessen erstaunliche Geschichte und ungewöhnliche Besonderheiten aufmerksam. Seinen Forschungen kam zugute, dass sich im 18. Jahrhundert ein neuer Trend in Europa durchzusetzen begann. Exotische Pflanzen aus Fernost wurden eingeführt, um den Gärten und Parks vieler Herrensitze und Orangerien neuen Glanz zu geben.

Goethe und der Ginkgo

Eine solche über die Grenzen Deutschlands hinaus anerkannte Orangerie befand sich zur Zeit Goethes auch im Schloßpark von Belvedere in Weimar.

Goethe war auch maßgeblich in die Umgestaltung des Ilm-Parks von einem barock angelegten Garten zu einem zukünftigen englischen Landschaftsgarten einbezogen. So wurden im Zuge der Neugestaltung des Parks in den Jahren 1810-1820 zunächst weitere Lauben und künstliche Ruinen gebaut, Felslandschaf-

Tief eingeschnittenes Ginkgoblatt